我的第一本科学漫画书·绝境生存系列 30

喜马拉雅
生存记①

[韩]洪在彻/文　　[韩]郑俊圭/图　　霍　慧/译

U0270888

二十一世纪出版社集团
21st Century Publishing Group

世界最高峰——人类永不停歇的挑战

世界上最高的山峰是珠穆朗玛峰，为了能够登上这座雄伟高峰，人类从很早以前就对其发起了挑战。

1907 年，英国成立了阿尔卑斯俱乐部，他们制订了详细的珠穆朗玛峰登顶计划，然而真正靠人类双脚登上珠穆朗玛峰之巅却是在 40 余年之后。1953 年 5 月 29 日，曾是英国探险队一员的埃德蒙·希拉里和夏尔巴人丹增·诺尔盖成为了第一个登顶珠穆朗玛峰的主人公。韩国的高相敦在 1977 年 9 月 15 日登上了珠穆朗玛峰峰顶，并感慨道："这里是山顶，再无可爬之处。"这句感言曾在韩国风靡一时。可是人类对这种不轻易允许人类侵犯的高峰的挑战，绝不会仅仅止步于珠穆朗玛峰。

世界上最大的山脉——喜马拉雅山脉横穿亚洲南部，海拔 8000 米以上的高峰包括珠穆朗玛峰在内共有 14 座，被称为"喜马拉雅十四座"。对于登山者们来说，征服珠穆朗玛峰并成功登顶所有"喜马拉雅十四座"，是即使倾尽一生也想达成的夙愿。世界上第一个完成此夙愿的人是著名的意大利登山家莱因霍尔德·梅斯纳尔。他从 1970 年开始攀登南迦帕尔巴特峰，1986 年洛子峰的成功登顶拉开了他登顶之旅的序幕。梅斯纳尔曾说，尽管经历了无数次的失败，但从未想过放弃，因为挑战的目的不是为了征服山峰，而是为了战胜自我。

经常登山的话，难免会面临诸多危险，如：像刀劈斧砍一般陡直的冰崖、不知何时会突然出现的冰缝、瞬间席卷而来直取性命的雪崩等等。尽管如此，如今还是有很多的登山者义无反顾地迈向这些临近天空的山峰，那是因为每每克服恐惧之后，便能尽情享受大自然的庄严和神秘。他们还说，每当排除万难，摆脱困境，可以尽情拥抱大自然的时候，那种成就感妙不可言。

《喜马拉雅生存记》中的主人公们虽然因意外遇险而陷入到困境之中，但他们用勇气、智慧以及克服逆境的意志最终战胜了困难。对于路易和柳珍来说，珠穆朗玛峰绝对不是噩梦，而是经过时间沉淀创造出的巨大而庄重的大自然的艺术品。亲爱的小朋友们，读完这本书之后，想不想一起去攀登有"世界屋脊"之称的喜马拉雅山呢？

作家代表　洪在彻

❄ 目录

"佛祖诞生的地方
不是石窟庵吗？"

路易

　　为了去珠峰徒步旅行，偕同柳珍一起来到了尼泊尔。虽是听信了自称登山专家的叔叔的话尾随而来，但实际上对叔叔的实力有所怀疑。尽管因直升机的迫降被困于喜玛拉雅山中，但仍凭借其特有的才气和勇气渡过危机。

　　攀登缘由：没有特别的目的，只是跟随叔叔一起来看珠穆朗玛峰。

　　优　　点：面对任何危险，都保持一种积极的态度，喜欢把危机当儿戏。

　　缺　　点：有关历史和科学方面的知识十分匮乏。

"如果不是足够敏捷的话，怎能
被称为'喜马拉雅的豹猫'？"

叔叔

　　无时无刻不在到处炫耀自己曾在大学时期多次攀登喜马拉雅山。自称是"登山专家"，但真实与否无从证实。遇险之后仍然做出一些吹牛等让人大跌眼镜的行为，因此渐渐失去了大伙儿的信任，但在危机面前比任何人都能够沉着应对。

　　攀登缘由：起初是为了带孩子们来看看庄重的珠穆朗玛峰而策划了此次徒步旅行，但自从遇见了漂亮的直升机飞行员库玛丽之后，目标便改为了讨她欢心。

　　优　　点：为了不给"登山专家"这个称谓丢脸，对攀登的各种专业知识和技术诀窍了如指掌。

　　缺　　点：过于自我炫耀；遇险之后，仍和侄子路易不停地发生口角。

柳珍

"没想到路易竟然这么体贴人。"

和路易一起进行自然学习并参加了此次珠峰徒步旅行。厌倦了路易和叔叔之间的口水战，每次只是静静地看着。遇险后尽管受尽了高山病的折磨，但为了大家的目标，她没有放弃。

攀登缘由：为了学习自然知识以及同路易一起看珠峰。

优　　点：各方面知识常识丰富。

缺　　点：体力不足。

"这次的飞行真让人受不了。"

库玛丽

出身于尼泊尔高山地带夏尔巴族的库玛丽是一名直升机飞行员。原本此次飞行的目的只是把路易一行人送到卢卡拉机场，但直升机的意外坠落使她和他们一起遇险了。不愧是珠穆朗玛峰地区的居民，她对于那里的地形比谁都清楚。

攀登缘由：为了帮助遇险游客能够安全被救。

优　　点：对周边地形一清二楚；关于高山地带的知识非常渊博。

缺　　点：旁边一有人煽情，就容易激动。

第 1 章
混沌都市，加德满都

那些山真高，直入云天！

在哪儿？闪开！我也要看，我也要！

啊！

嗒嗒嗒

最高的那个就是珠穆朗玛峰吧？

呼呜呜呜

哎，你以为比云高的都是珠穆朗玛峰吗？

喜马拉雅山脉除了有高达8844米的世界最高峰珠峰之外，还有乔戈里峰、干城章嘉峰、洛子峰等8000米以上的山峰多达14座。

坐飞机很难看到珠穆朗玛峰。

唉，好可惜。

扭扭

扭扭

喂，挪开你那大屁股！

但一想到要爬那么高的山就兴奋不已！

咱们不是来攀登高山的，而是来徒步行山的。

可咱们的最终目的地珠峰基地营就在 5000 米以上，对吧，叔叔？

没错。

大概 5400 米左右。

既然说到这儿了，就简单介绍一下吧。

喜马拉雅的梵语意思为"雪的家乡"，是全长 2400 千米的巨大山脉。

珠穆朗玛峰在西藏被称为"世界的母神"，在尼泊尔被称为"雪之女神"。

叔叔，你大学时候在登山部不是很出名吗？为了登喜马拉雅山应该来过尼泊尔好几次吧？

嗯？

你是怎么知道的？我这人不爱炫耀，从没跟人讲过啊！

消息传得真快

哈哈哈

一有机会就炫耀，还说……

虽说像自卖自夸，但如果不是足够敏捷的话，怎能被称为"喜马拉雅的豹猫"呢？

哇，帅呆了！

……

那时真的很厉害。

撸

这么说，叔叔，你登上过8000米高的山峰喽？

那样的话，真的很了不起耶！

背手

嗯？

那个……飞机就要降落了，赶紧回座位上系好安全带！多危险啊！

看来没那回事。

咳

唰

可不是嘛！

11

加德满都机场

耶！终于到了！

别吵！

呼，还挺远的。几乎耗了一整天。

加德满都是世界级观光地，所以打车很贵，专门骗外国人的骗子很多，挨宰更是家常便饭。

一定要打起十二分精神来应付哦。

现在，由我这位在尼泊尔积累了无数经验和诀窍的叔叔来告诉你们怎样便宜打车。

Hi!

是韩国人啊！

那就一口价。到泰米尔只要500卢比！

就像叔叔说的，那人一看就是个大骗子。

怎么样？在您这位专家看来……

500卢比？马上成交。

保证把你们舒舒服服地送到！

我倒

嘀嘀 嘀
嘀 嘀

怎么样？想体验加德满都的氛围，坐三轮车是最棒的。

啊哈哈哈哈

叔叔，这就是你说的诀窍？

咯噔 咯噔
咯噔

……

咯噔

尽管有时颠得厉害，但走泰米尔街这样复杂的路，没有比这车更好的了。

咯噔 咯噔
咯噔

路，路易！
我想吐！

呜

快给个塑料袋！

嚓~

丁零咣啷

啊！

······

那个……

哎哟！

到，到了吗？

嘿嘿，这也算是种体验吧？再加把劲儿！

嘎吱
嘎吱
嘎吱

这算什么"体验"？

哎，你怎么不推？

我力气小嘛！

貌似少一张……

我们不是推了三分之一的路了吗？做人要讲良心！

到了，您看车费是不是……

哎哟，累死了。

要是不给够钱的话，我就只能叫警察来……

给，给！

数 数

可我也不会好好给你的。

走你！！

啊啊，my money！

啪

这像成年人吗？

幼稚，真幼稚！

Byebye，欢迎下次光顾。

怎么可能有"下次"？

嗡嗡

我的应变能力怎么样？

还好意思问！不光被宰，还把那破车推到这儿！

哼

令人担忧。

不管怎么说算是平安到达了。进去吧。

看了房间心情就好了。

心情还真是好得不得了啊！

嘎吱

不是说定了最新型酒店吗？虽然早就料到了，但这也……

10年前是最新型的。

被子里长了蘑菇。

啊啊啊啊啊啊

吓跳

谁用完厕所没冲水？

路易，是你吧？

咱们刚才不是一起进来的嘛！

咱们先去泰米尔街尽头的杜巴广场看看。

不是吐吧，是杜巴！

吐吧广场？

就是这儿！

天哪！

哇

哇，太帅了！

好宏伟的建筑！

"杜巴"在尼泊尔语中是"王宫"的意思,"杜巴广场"就是指"王宫前面的广场"。

这是阿努曼多卡王宫,尼泊尔国王在此居住至1886年。

杜巴广场是加德满都最有名的观光地。通过这里的寺院、商铺、地摊可以一眼看出尼泊尔的文化。

叔叔,那边好像就是王宫。

1979年,杜巴广场成为联合国教科文组织认定的世界文化遗产。顺便说一下,尼泊尔王室于2007年解体。

来此之前,我只知道尼泊尔是被喜马拉雅包围的一小块地方,原来还有这么多了不起的文化遗产!

那边那个建筑是加塔曼达,加德满都这个名字就是由此而来,所以很出名。

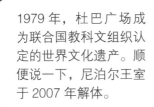

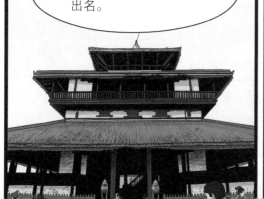

对很多人来说,现在的尼泊尔只是登顶喜马拉雅山的途经之地,但它确实是个拥有灿烂文化的国家。

啊哈

咦?

叔叔,那边穿着奇怪的是些什么人?

啊哈

啊哈!

路易,你知道吗?

那不是乞丐嘛!

似乎没说好话。

四脚朝天

好像在说咱们?

把"苦行僧"当成乞丐,像话吗?

苦行僧?

尼泊尔近 80％的人信印度教。在 2008 年垮台的沙阿王朝是地球上最后一个印度教王国。

尼泊尔的国王是印度教三大神中"毗湿奴"*的化身。印度教中传统而严格的阶级和种姓制度，至今仍有很大影响。

"苦行僧"就是印度教传统中的一种，是指印度教的修行者。

遇到那些家伙我们要交好运了。

呵呵，坐着等就行。

* 毗湿奴：掌管世界秩序之神。

HELLO！

看，来了吧。

大哥，你真了不起！

不好意思，能不能一起合张影?

当然可以。

看这儿，1,2……
等等，叔叔。
与其这么傻站着照，不如照照他们特有的 pose。
好想法！
就随便照照得了。
你们还挺难伺候。好吧，就满足你们这些客人一下。让你们见识一下“杜巴瑜伽”。
吓一跳
那，那太危险！
杜巴瑜伽？
嗒啊啊
咿——呀！
大，大哥！
哇，好！
四脚朝天
行，行了！快照！
颤抖
颤抖

神灵守护的国度·尼泊尔

"尼泊尔(Nepal)"是由表示守护神的"Ne"和表示守护的"pal"组成的合成词,直译为"神灵守护的国度"。它北邻中国西藏,东、西、南三面与印度接壤。尼泊尔从1951年开始实行君主立宪制,2006年国王政权被剥夺,2008年起开始实行共和制,正式国名为"尼泊尔联邦民主共和国"。尼泊尔境内8000米以上的山峰多达8座,以"高山之国"而著称。因为释迦牟尼的诞生地蓝毗尼就在尼泊尔境内,因此每年世界各地的佛教徒都会前来朝拜。

喜马拉雅的关口·加德满都

加德满都是四面环山的盆地,海拔高度1370米,从15世纪马拉王朝开始发展为政治、文化中心,18世纪末成为廓尔喀王朝首都之后,至今一直是尼泊尔的首都。加德满都作为通往喜马拉雅的要道,一年四季都是世界各地登山者的聚集之地。

©Shutterstock

加德满都市内全景 尼泊尔首都加德满都作为通往喜马拉雅的关口,每年都要迎接众多登山者的造访。它以前的名字叫"坎提普尔",是联合国教科文组织认定的世界文化遗产。

世界屋脊·喜马拉雅

  喜马拉雅山脉位于南亚次大陆与青藏高原之间，拥有数十座6000米以上的山峰，因此被称为"世界屋脊"。梵语喜马拉雅是由意为"白雪"的"喜马"和意为"居所"的"拉雅"组成。喜马拉雅山脉中最高的山峰是高达8844米的珠穆朗玛峰，包括珠穆朗玛峰在内的14座超过8000米的山峰被称为"喜马拉雅十四座"。

从太空看到的雄壮的喜马拉雅山脉

喜马拉雅的十四座山峰

1 珠穆朗玛峰（8844米）
是"喜马拉雅十四座"中最高的山峰。1953年，埃德蒙·希拉里首次登顶珠穆朗玛峰。

2 乔戈里峰（8611米）
1856年，英国军官蒙哥马利把喀喇昆仑山脉按考察顺序命名为K1、K2、K3，乔戈里峰K2的名字由此而来，指的是喀喇昆仑山脉第二座被考察的山峰。

3 干城章嘉峰（8586 米）
藏语意为"雪神的五座宝藏"。在发现珠穆朗玛峰之前，干城章嘉峰曾被认为是世界最高的山峰。

4 洛子峰（8516 米）
世界第四大高峰洛子峰在藏语中是"翠颜仙女"的意思。指的是位于珠穆朗玛峰东南侧的山峰，其南壁由于异常难攀登而闻名。

©Shutterstock

5 马卡鲁峰（8463 米）
马卡鲁峰主要由棕黑色的花岗岩构成，看起来很黑，因此在梵语中被称为"黑色鬼怪"。

6 卓奥友峰（8201 米）
卓奥友峰位于尼泊尔和西藏的边界，藏语的意思为"大尊师"。

©Shutterstock

©Shutterstock

7 道拉吉里峰（8172 米）
道拉吉里峰梵语意为"白色山峰"，与尼泊尔的安纳普尔纳峰隔江相望。

8 马纳斯卢峰（8125 米）
马纳斯卢峰的梵语意思是"灵魂山峰"，当地人认为此山神圣不可侵犯，因此曾多次对来此的登山队加以阻挠。

©Shutterstock

9 南迦帕尔巴特峰（8125 米）

南迦帕尔巴特峰在夏尔巴语中表示"恶魔山峰"的意思，此山峰正如其名，非常危险难攀登，也正是因为如此，南迦帕尔巴特峰备受当地人的崇拜。

©Shutterstock

10 安纳普尔纳峰（8091 米）

安纳普尔纳峰由几座雄伟的山峰组成，其中第一峰高 8091 米。在梵语中，安纳普尔纳的意思为"收获女神"。

©Shutterstock

11 加舒尔布鲁木 I 峰（8068 米）

加舒尔布鲁木意为"耀眼的山"，因被其他山遮挡，又有"隐峰"之称。

©American Alpine Club

12 布洛阿特峰（8047 米）

因与乔戈里峰 K2 相邻，最初又被称为 K3。布洛阿特峰意为"宽大的山峰"。

©David Futyan

13 加舒尔布鲁木 II 峰（8035 米）

位于中国与巴基斯坦的分界处，距加舒尔布鲁木 I 峰 5.5 千米。

©Eelco den Boer

14 希夏邦马峰（8012 米）

藏语意为"荒凉之地"，在尼泊尔又被称为"高僧赞"，意为"圣人的居住地"。

©Shutterstock

第2章
选购装备

只有配备最好的装备才能登上喜马拉雅。

这叫最好的装备？

哇，真是人山人海啊！一不留神，百分之百迷路。

可是，叔叔，这儿又乱又没什么可看的，来这儿干吗？

哎！

去喜马拉雅徒步行山的人一定要来这儿——泰米尔街！

泰米尔街？

这里登山服、地图、指南书等各种登山装备应有尽有。

换句话说，这儿是喜马拉雅驴友的圣地！

哦

怎么样？感觉到神圣的气息了吗？

先看看那边再说吧。

什么？

吧

嗯······

噗

真是无比神圣啊！

哞

咣当

我决不饶你！你这蠢牛，就是只畜生，竟敢当街拉屎！

你这家伙，给我站住！

快走，快！

不是说要亲近自然嘛！

哇！帅呆了！

那是加德辛布。

加德辛布？

此塔建于 17 世纪，是加德满都最大的佛塔。

哦？佛塔？那就是佛教建筑喽？

31

没错。佛教创始人释迦牟尼出生于尼泊尔，所以这个国家约十分之一的人信佛教。

看见上面的眼睛图案了吗？那就是喇嘛教的特有图案，象征着佛祖关注并保护着生活在这片土地上的人。

尼泊尔的佛教是传统佛教与西藏固有信仰结合的喇嘛教（藏传佛教）。

可是释迦牟尼真是在尼泊尔出生的？

不是石窟庵吗？

咣

嗷

还不如说是佛国寺呢，你这白痴！

不是就不是呗……

那白痴怎么会是我侄子？

哇，正如叔叔所说，这里是登山者的购物天堂，什么都有！

可看起来大多数像是二手货。

……

你看那件，好像被穿过好多次的样子。

这不光是二手货那么简单！

唰！

什么叫不光是二手货那么简单？

左瞅瞅右看看

都是些有来头的东西。

你过来。

你把这世界想得太单纯了。想想看这些东西的原价，就知道那些便宜卖的东西，可能是挑夫把登山途中死去的人的东西捡回来卖的呢。

悄悄地

真的吗？

那，那边的衣服都是？

可以这么说吧。

闭嘴！这是谁造的谣？

吓一跳

大部分的登山装备是远征队远征结束后回来送给夏尔巴人的，又或是来徒步行山的驴友们为了减轻负担贱卖的。事情都没搞明白就瞎造谣！

但，但……您是？

我？

35

是夏尔巴人吧？
夏尔巴？
嗯。是在尼泊尔高山地带居住的少数民族，适应高山的能力非同一般。
所以一直在为喜马拉雅远征队充当向导或挑夫。短期内可以拿到很高的收入。
现在的“夏尔巴”用来指那些帮助登山者的人。
这么一说，我好像也听说过。
唔
把死人的东西捡来卖……
喂，都说不是啦！这么大的人了，怎么这样？
是吧？是吧？
天，天哪！

咱们先挑石油炉和 LED 手电筒。

石油炉?

嗯，在高山地带，气温一旦降到零摄氏度以下，便携瓦斯就会冻结，所以登山者大多使用石油炉。

LED 手电筒的亮度稍弱一些，但轻巧，耗电少，能用比较久。

接下来挑挑防寒用的衣服和睡袋。

可能因为是登山专用，特别轻，体积也小。

到了海拔 3000 米的地方，气温急剧下降，必须要有防寒服，睡袋也最好选内充鸭绒 1 千克以上的。

还有这个——雪套。把这个套在登山鞋上可以防止雪进到裤子里。

还必须准备登山绳、冰镐、冰爪、登山杖、岩钉钢环、手套、登山鞋等。在高山上随时可能出现意外，所以需要再三强调装备的重要性。

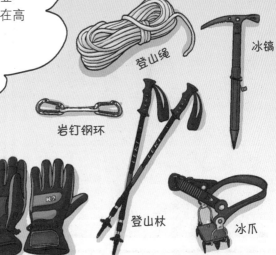

登山绳　冰镐

岩钉钢环

登山鞋

手套

登山杖　冰爪

为了应对紧急状况和防止意外，还要准备便携式氧气瓶、头痛药、紧急口粮、防晒霜、防紫外线墨镜、润唇膏、绷带、消毒药等基本应急物品。

这，这些您全都要？

给打个折吧。

那还用说，给您个大优惠！

真是贵客啊！

随便挑，
全场5折。

破裤衩怎么还挂着？

咦，还沾着血呢。

哪……哪儿来的这些破烂？

费半天劲儿刚把那些东西放回去……

现在又要我再拿出来？

7折是吧？成交！

哈，您给的价钱不错。

我还不卖了呢，马上滚蛋！

孩子们，赶紧都装上，快点儿！

真丢脸！

啦啦啦，咱们捡了个大便宜。

咱们真走运。

给力，真给力！

作战成功！辛苦了！

给你涨工资！

谢谢老板！

加德满都的世界文化遗产

加德满都的杜巴广场

"杜巴"在尼泊尔语中意为"王宫"。杜巴广场上林立着50座以上的寺院及遗址。加德满都盆地曾经见证了形成三国鼎立局面的马拉王朝（13～18世纪），而杜巴广场也正是建于那个时代。1979年，杜巴广场成为联合国教科文组织认定的世界文化遗产。

杜巴广场　位于加德满都的中心
因曾是古王宫哈努曼·多卡宫的所在地，所以又被称为哈努曼·多卡宫广场。在尼泊尔境内有三座杜巴广场，除了加德满都，另外两处分别在巴德岗和帕坦。

加塔曼达　加德满都名字的由来
"加塔"意为"木头"，"曼达"意为"亭子"。加塔曼达建于12世纪，是尼泊尔最古老的建筑之一。

斯瓦扬布拉特　藏传佛教的圣地
相传加德满都原本是片湖泊，文殊菩萨把湖水排干之后便出现了这个寺院。寺中的佛像、各种动物雕像和佛塔展现了尼泊尔佛教美术之精髓。

历史悠久的佛教寺院
斯瓦扬布拉特

它是世界上历史最悠久的佛教寺院，拥有着巍然耸立的雪白塔基和金黄塔身，非常夺目。斯瓦扬布拉特寺院建于释迦牟尼得道之时的说法流传至今。

尼泊尔最大的印度教寺院
帕斯帕提那

在印度教徒近80%的尼泊尔，帕斯帕提那是最大的印度教寺院。"帕斯帕提那"是湿婆神的众多名字中的一个，"帕斯"是"众生"之意，而"帕提那"意为"尊贵的存在"。帕斯帕提那建于447年，之后曾多次修补，到1697年的马拉王朝时修葺成现今的模样。

印度教寺院　帕斯帕提那
为了纪念湿婆神的诞辰，在湿婆节这一天，尼泊尔全国的印度教徒都会来此祭拜。寺院旁边有条河叫巴格马蒂河，印度教徒会在河边迎接死亡和举行葬礼。

藏传佛教的中心博德纳佛塔

博德纳佛塔的塔基高36米，塔身高38米，塔基周长100米，是尼泊尔乃至世界最高的佛塔。"博德纳"这个名字是由表示"觉悟"的"博德"与表示"寺庙"的"纳"组合而成，上半部分的13层尖塔意味着寻求觉悟的13个阶段，因此取名"博德纳佛塔"。佛塔原本是指保管圣人遗骨的舍利塔，因为人们相信这里藏有佛陀舍利，所以博德纳寺院就成为了藏族和尼瓦尔族佛教信徒的主要朝拜地。佛塔四面都绘有眼睛图案，这象征着佛陀用智慧的眼睛俯视着尘世。

博德纳佛塔　尼泊尔最高最大的佛塔
博德纳佛塔是5世纪左右建造的藏传佛教的精髓。有关此塔的传说很多，其中一个是说有个叫扎德兹摩的平民寡妇，经国王允许为佛祖修建一座佛宫，因此便诞生了此塔。据说扎德兹摩积下的功德，使她的儿子转世成为了后代的国王。

全方位准备徒步行山装备

徒步是指背着行李的长距离行走，登到5000米以上高度的叫登山，5000米以下叫徒步行山。在准备徒步行山装备时，要考虑到有可能遇到的最恶劣境况和意外事故，因此要做好全方位的准备。尤其是海拔高度每增加100米，气温就会下降0.65℃，如果还刮风，那么体感温度就会骤降，所以需要最先准备保暖物品。

沿安纳普尔纳行山路线行进中的重装驴友 安纳普尔纳线是喜马拉雅行山路线的代表。

徒步行山必需品

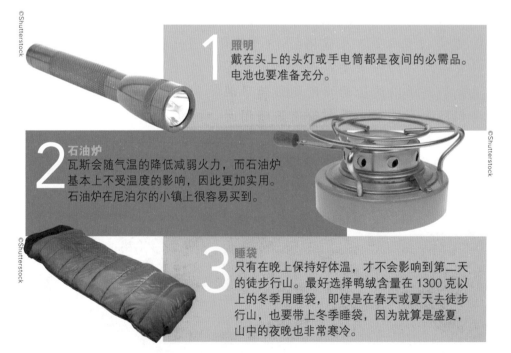

1 照明
戴在头上的头灯或手电筒都是夜间的必需品。电池也要准备充分。

2 石油炉
瓦斯会随气温的降低减弱火力，而石油炉基本上不受温度的影响，因此更加实用。石油炉在尼泊尔的小镇上很容易买到。

3 睡袋
只有在晚上保持好体温，才不会影响到第二天的徒步行山。最好选择鸭绒含量在1300克以上的冬季用睡袋，即使是在春天或夏天去徒步行山，也要带上冬季用睡袋，因为就算是盛夏，山中的夜晚也非常寒冷。

1 衣服

根据登山季节不同，登山服的选择也略有不同。春、夏时节从轻便的到能抵御初冬寒冷的服装都要准备；秋、冬季节则必须选择可以彻底防寒的羽绒服。

2 登山鞋

登山鞋最好选择有护踝，合脚的旧鞋。雨雪天防止裤腿溅湿的"雪套"也是非常有用的。雪套是套在脚踝上防止泥或雪进入裤腿的一种绑腿。

3 手套

登到3000米以上后，手很容易冻伤，所以高山地带用的毛皮手套和一般的登山手套都要准备。

4 墨镜

被白雪反射的刺眼阳光可能会导致雪盲症，所以要准备防紫外线的深色墨镜。

©Shutterstock

在珠穆朗玛峰徒步行山的驴友

第3章
前往珠峰
基地营

这是我们的
行山路线。

啊！

徒步到珠
峰基地营
是全世界
驴友的
梦想！

怎么会这
样……

怎么了？

全英文！让我
怎么看？

啊？

EBC 徒步的起点在海拔 2800 米的卢卡拉——一个车上不去的山崖小镇。

珠峰基地营徒步（Everest Base Camp trekking）简称 EBC 徒步。

EBC 徒步线路是从卢卡拉出发，途径南治巴扎、腾普治、丁普治、罗布治、高乐榭村，到达珠峰基地营，然后从基地营去往珠峰的最佳观望点卡拉帕特峰，再从那儿重返卢卡拉镇的一个环线。

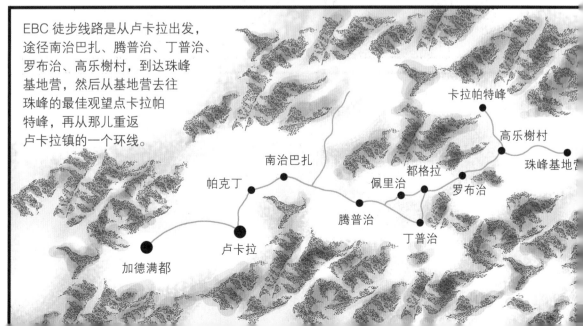

卡拉帕特峰

高乐榭村

珠峰基地营

南治巴扎

帕克丁

都格拉

佩里治

罗布治

腾普治

丁普治

卢卡拉

加德满都

这条路线和日程对大人来说也不容易，所以你们一定要做好心理准备。

不就按地图上的线路边走边看吗？

哪有你说的那么严重？

你说什么？

路易，看来你完全不知道"高山病"有多危险。

高山病？

你果然是头次听说！高山病又叫高原病。

虽然每个人的情况都不一样，但当到达海拔3000米以上时，人就会出现一种急性反应。主要表现为头晕、头痛、食欲不振、呕吐、浑身乏力等症状。

高山病是低压缺氧所致。当海拔高度超过5000米时，空气中的含氧量只有平地的一半，如果处理不当，将会非常危险。

啪

会……会死?

吓一跳

是啊! 我是不会骗你们的。仅在尼泊尔, 平均每年都会有 3 个人死于高山病。

3 个人? 那么多?

……

但你们只要按我说的去做, 那就无须担心……

到尼泊尔我已经很满足了, 还是回家吧!

嗯, 那最好不过了!

S…… Stop!

刚才还大话说得惊天动地，这稍微一吓唬，就当逃兵了？

是男人吗?

我还没娶媳妇呢，不想死!

只要一点点往上爬，充分休息，就没那么危险!

我也不想搭上小命!

我登山经验丰富，会负责你们的安全的，放心吧。

不愧是叔叔!

真帅!

呃呃呃，放开我!

放开，你们这帮浑蛋，松手!

呼咪

呼咪

明天还是回家吧!

我一定要活着回去!

真是靠不住啊!

扑腾

扑腾

你说什么?

明明定了客机,怎么改直升机了?

咣

今天去卢卡拉的只有你们三位,所以临时改了。

真窝火!

反正我已经预约了客机,绝对不坐危险的直升机。

没错,叔叔。直升机太恐怖了,不坐!

同感。

是预约卢卡拉航班的乘客吗?

49

看，那就是咱们要坐的直升机，看起来不错哦！

哇

嗒嗒嗒嗒

嚓

OK！

哇，好大的风！

低头，快上！

都上来了吗？

叔叔呢？哪儿去了？

啊？不知道啊，刚才还在一块儿呢。

飞行员姐姐，还有一名……

嘿嘿嘿，起飞吧。

吓一跳

哎呀！

干什么呢？到后面去！

哦……

哎哟，真丢脸！

嗒嗒嗒嗒

嗒 嗒 嗒 嗒

我这是头一次坐直升机，不会出事儿吧？

直升机为啥噪音这么大还这么晃？叔叔，这没事吧？

呃呃，太可怕了，我想下去。

还说让我们放心呢。

瑟瑟发抖

这也叫"登山老手"？

不是故障，别担心！起飞的时候因为地面有风，所以晃得厉害。

直升机的噪音之所以很大，是因为发动机运转的声音大，加上螺旋桨转动的声音受空气旋涡的影响振幅增大所造成的。

嗒嗒嗒嗒嗒

空气旋涡是由于螺旋桨的旋转而产生的。在高空向下的声音不会传到地面，所以噪音小。相反，如果飞得低，声波接触地面，振幅增大，因此会发出沉闷的噪音。

嗒嗒嗒嗒嗒

还真是这样！现在飞得高了，噪音确实小了。

柳珍，那边有片巨大的山脉！

真的？哪儿呢？

嗒嗒嗒嗒

呀，那是喜马拉雅山吗？

是的。

看那儿，有个村庄。

天哪，这么高的地方也有村庄。

飞行员姐姐，途中能看见珠峰吗？

天气好的话，可以的。

那我们能直接飞往珠峰峰顶吗？

天气好得要命！

有点困难。因为飞得越高，氧气越稀薄，发动机运转会没有足够的空气。

所以直升机最高也就能飞五六千米。

2005年，欧洲直升机倒是在珠峰峰顶降落过，但它是最新型特殊结构的直升机，所以才能飞上去。

嗒嗒嗒嗒

唉，白高兴一场。

虽然不能飞上峰顶，但飞到5000米以上，就能看到喜马拉雅形形色色的山峰。

那就知足了。

为什么老吵着去那些光是高，没什么看头的山峰呢？

那是很恐怖的！

又装成去过的样子！

环视一下珠峰周边，就飞往卢卡拉了。

在那之前尽情享受一下喜马拉雅的风光吧。

嗯？

那边有座特别高的山。

嗯？

那就是珠峰。

幸好天公作美。

!!

喜马拉雅徒步行山区

尼泊尔的喜马拉雅徒步行山区可以分为珠穆朗玛、安纳普尔纳和朗塘三大地区，其中珠穆朗玛是仅次于安纳普尔纳的第二大热门地区。因为第二天要到海拔3440米的南治巴扎，所以一定要全方位地预防高山病。珠穆朗玛峰地区最为大众化的路线有两条：第一条是前往位于海拔5545米的卡拉帕特峰的珠峰基地营线，第二条是去往位于海拔5357米的勾科约峰的勾科约线。

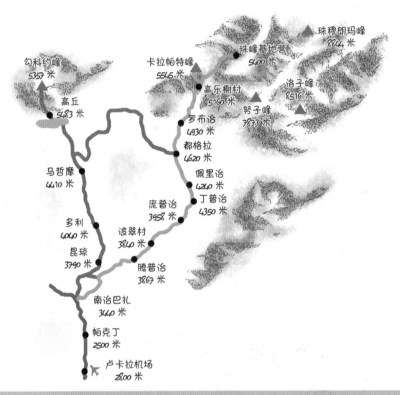

珠峰徒步行山路线 珠峰基地营线和勾科约线是最具代表性的路线，人气也最旺。

珠峰基地营路线

珠峰基地营的线路为：南治巴扎➡腾普治➡佩里治➡罗布治➡高乐榭村➡珠峰基地营，相较于安纳普尔纳线路而言，难度较大，耗时更长，容易引起高山病，所以选此路线的人相对较少。

罗布治基地营 位于海拔高度约 4930 米之处。这里是最容易出现各种高山症状的地方，因此当身体出现不适时，要从这里下山回到都格拉重新适应高原环境。

高乐榭村全景 抵达珠峰之前的最后一个基地营，海拔高度约 5160 米。登山者一般会在这里住一天，然后再前往珠峰基地营。

珠峰基地营 海拔高度约 5400 米，从高乐榭村到这里徒步大约 3 小时的距离。但这里并不是观望珠峰的好地方，所以要去海拔高度 5545 米的卡拉帕特峰。

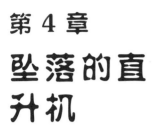

第4章
坠落的直升机

直升机过山车!

救命啊!!

妈呀!

嗒
嗒
嗒
嗒

哇,能直接看到8844米的世界最高峰简直是……

珠峰的官方高度是8844米,但实际上还要高一点。

啊?

像梦一样!

1955 年，印度勘探队利用三角测量法测出的珠峰高度为 8848 米，这是通过测量山下两个点分别与山顶形成的角度得出的结果。

三角测量

已知内角

已知两点间的距离

随着测量技术的不断发展，到 1999 年，美国勘探队利用卫星定位系统"GPS"测出的结果是 8850 米。现在这个高度广为流传。

比现有的高度高出 6 米，8850 米！

库玛丽小姐真是要长相有长相，要知识有知识，飞行技术又一流，了不起啊！

你们说是吧？

是……是的。

……

这次的飞行真让人受不了！

以海平面为基准测量海拔高度的话，珠峰高 8844 米，的确是世界最高峰。

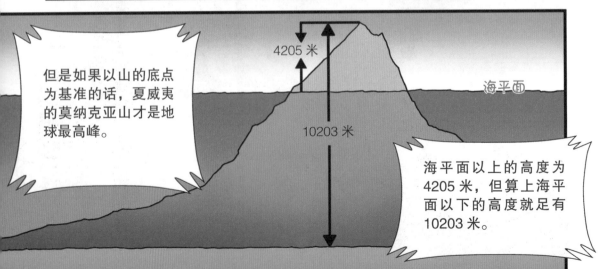

但是如果以山的底点为基准的话，夏威夷的莫纳克亚山才是地球最高峰。

4205 米

海平面

10203 米

海平面以上的高度为 4205 米，但算上海平面以下的高度就足有 10203 米。

刚才不是说了嘛，不能再高了！

以前看电影，就是一般的直升机也能飞到山顶附近呢！

真的吗？

那，那是拍电影！而且要是最新型特殊直升机！

哼！

是吗？

新型旧型都是借口，你就是害怕吧？

发抖

喂！路易，你这小子！

哎，哎！

好！我满足你！

可以的话，就算稍微冒点儿险也想给他们看山顶。但终究是不行，太危险了。

天气正在变差，现在必须下降……

呜呜，我想回家。

喘……喘不过气来！

刚才不还装得挺勇敢的嘛！

额

哎

准备下降了！

嗒 嗒 嗒 嗒

万……万岁！

嗯？

噗咻

哔

咦，引擎有点奇怪！
功率一直下降。

哔

哔

这是怎么了？

扑啦

扑啦 扑啦

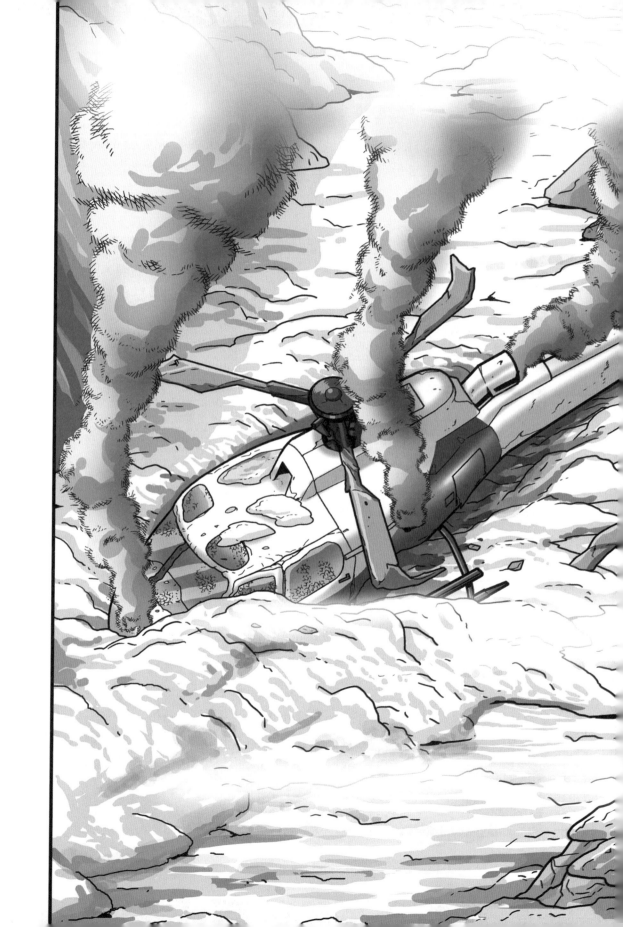

照片中的勾科约路线

　　勾科约路线指的是从南治巴扎➡昆琼➡坡波兹天格➡多利➡马哲摩➡高丘➡勾科约峰的路线。这条路线比珠峰基地营线的人少，而且可以欣赏恬静的湖水村庄——勾科约。如果选择此路线，途中可以观望到珠峰、洛子峰、卓奥友峰、马卡鲁峰等多座著名山峰。

南治巴扎　位于海拔高度约 3440 米的高地。此处既是通往珠峰的关口，又是适应高山症的地方。因是夏尔巴人的居住地而闻名。

高丘的湖　高丘有许多湖，杜多·普卡利湖是徒步行山可以看到的第三个湖。夏尔巴人认为此湖非常神圣，湖水不可随便饮用。每当家中出现忧愁或忧虑时，夏尔巴人便会来此参拜。

站在勾科约峰眺望珠峰　从高丘湖到海拔高度 5357 米的勾科约峰徒步需要大约 3～4 个小时。在勾科约峰的山顶可以用望远镜看到包括珠峰在内的许多山峰。照片中后面那座巍然耸立的山峰便是珠峰。

直升机的运转原理

直升机受到重力、升力、阻力和推力四种力的作用。如果均匀地受到这四种力的作用，直升机就可以保持水平飞行；如果调节由螺旋桨产生的升力的大小，直升机就可以上升、下降或者停在空中；如果调节螺旋桨的倾斜度，直升机就会产生推力，能加快或减慢飞行速度。

什么是升力？ 升力是指在空中的飞行物所受到的垂直方向上升的力。飞行物能利用这种力飞向天空。

升力

推力

什么是推力？ 推力是指通过螺旋桨的旋转产生的推进力。

阻力

什么是阻力？ 阻力是物体在空中或水中运动时，阻挡这一运动的力。

直升机飞行时为什么会有噪音？

直升机嘈杂的噪音大部分来自于发动机和顶端的旋翼桨叶。普通的飞机是由机翼制造气流产生升力，而直升机是靠旋翼桨叶的旋转产生气流。随着旋翼桨叶旋转速度加快，会产生一种撞击音，加之桨叶旋转产生的气流与旋转的桨叶持续发生碰撞，因而会发出更大的噪音。直升机离地面越近，噪音就会越大，这是因为气流同样会与地面发生摩擦。

第 5 章
损坏的对讲机

啊！头快裂了！

簌

咔啊

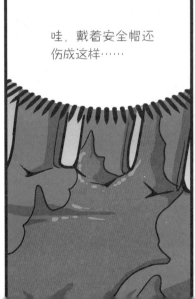

哇，戴着安全帽还伤成这样……

话又说回来了，都坠机了，伤成这样已经算万幸了。

嗖

呃呃……
救，救……

救命啊……

挣扎

挣扎

醒醒，醒一醒！

拜，拜托！

霍地

！

还好吧？

嗷

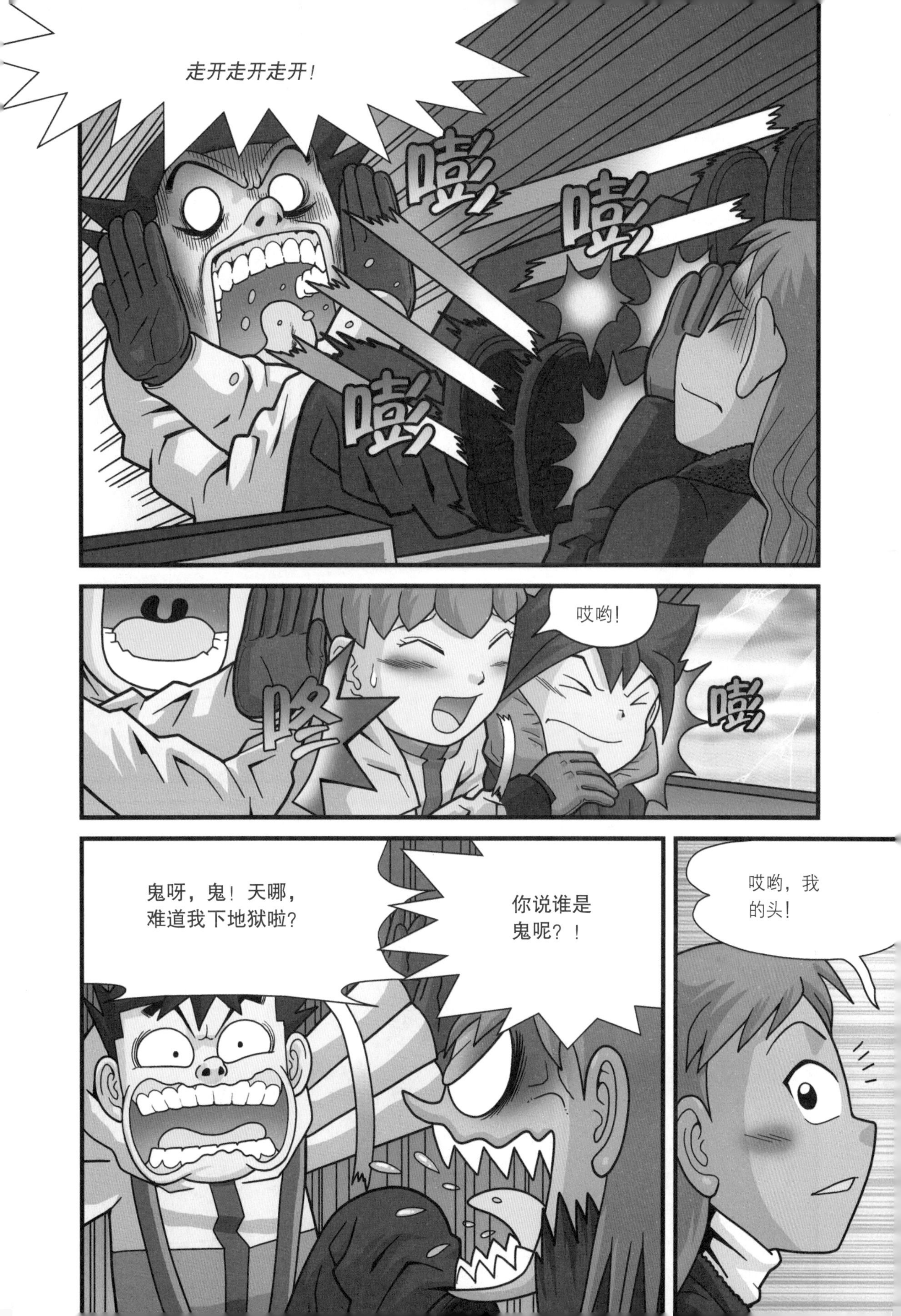
走开走开走开！
嘭
嘭
嘭
哎哟！
咚
嘭
鬼呀，鬼！天哪，难道我下地狱啦？
你说谁是鬼呢？！
哎哟，我的头！

你们终于缓过神来了。没事吧？

这是哪儿？

头昏沉沉的。

嗯，他们也在？那么，这里不是地狱？

万岁！我们活下来了！

吓死我了！

发生了什么事？

柳珍，还能认出我吗？

当然。

想不起来了？我们的直升机因"操控失误"坠落了！

什么叫"失误"？！

哦，是吗？

坠落时因为受到撞击，会有暂时的失忆。

Oh，My God!

怎么了？哪儿受伤了？

浑身上下怎么回事？真奇怪！

路易要是受伤了，大哥非骂死我不可，怎么办？

没有，就是浑身上下一点儿伤都没有，才觉得奇怪！

你这小子，吓死我了！

呃嘿

吭

姐姐，怎么样？

完全没反应！

通信设备完蛋了。

啊？姐姐，那我们怎么办？

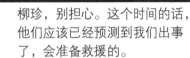

柳珍，别担心。这个时间的话，他们应该已经预测到我们出事了，会准备救援的。

姐姐，叔叔说的是真的？

……

嗯，可是现在天色已晚，搜寻队应该不会出动了。

那今晚要在直升机里过夜了。

柳珍，往好的方面想吧。直升机虽然坠落了，但我们不是安然无恙嘛！这多不容易啊！

话虽如此，可是……

保险起见，我出去四处看看。

暴风雪那么大，还是我去吧！

你的好意我心领了，但要想确定现在的位置，还得我亲自去。

咔嗒

怎么说我也是个男人，还是由我……

风嗖
风嗖
风嗖
风嗖

阿嚏！

阿嚏

哎哟，暴风雪怎么这么大？都冷到骨头里了！

嚓 嚓 嚓

装得挺勇敢……

飕 飕 飕 飕 飕

实在是不行了！

天太暗，风雪太大，根本看不见周围的山峰。

嘎吱

咻 咻

飕
飕
飕

天黑了，突然变得好冷。

好冷……

飕

姐姐，不知道是不是太冷了，头越来越疼，喘不过气。

哈啊

哈啊

高山病？

其实我也从刚才开始胸闷了。

直升机坠落的时候，神经绷得很紧，没感觉，现在慢慢放松了，就感受到这些症状了。目前只希望不会更严重……

咕咚咚

喝杯热茶，身体会好很多的。

呼吸困难、头痛都是因为高山病。

咕咚咚

越高的地方空气越干燥，所以要一直喝水来补充呼吸时蒸发的水分。

喂，喝完杯子给我！

徒步行山最大的敌人·高山病

　　高度越高，气压越低，氧气越稀薄。如果去氧气稀薄的地方，我们的身体为了适应环境会自行调整，但如果适应时间不足，就会出现呼吸困难、头痛、呕吐等症状。倘若是急性高山病，那么多数情况下，回到海拔低的地方马上就会好转，但如果情况严重的话，会引起肺部积水的肺水肿或脑部积水的脑水肿，因此应事先做好充分、彻底的准备。

预防高山病小贴士
① 一定要慢慢走。
② 刚开始徒步行山时不要心急。
③ 调整呼吸，防止呼吸困难。
④ 晚饭不宜多吃。
⑤ 睡眠时间不宜过长。
⑥ 多摄取水分。
⑦ 每天徒步行山高度在 500 米以内。
⑧ 注意保暖。

高山病多发地罗布治　选择珠峰基地营线路的登山者中，许多人会在到达海拔高度 4930 米的罗布治后出现明显的高山病症状，以至于急救直升机每天都会出动两三次把患者运送下山。

第6章
断裂的
冰川!

呃呃……
好冷……

叔叔真像蚕蛹。

哈啊

哈啊

柳珍，怎么样？比
刚才还难受吗？

哈啊

哈啊

嗯，头快裂开了，
还恶心!

姐，姐姐……没药吗？

零食袋都胀成这样了，我们现在的高度是多少？

没有治高山病的药！

降低高度是唯一的治疗方法。

嘭

嘭

直升机坠落前已经最大限度地降低了高度，尽管如此，现在至少也在 4000 米以上。

4000 米？

高山病的症状会在 3000 米左右出现，这么说至少要下去 1000 米以上啊！

目前看来，只能希望明天救援直升机能尽早发现我们。

飕 飕

现在都觉得快死了，怎么熬到那个时候？

咳咳

咳咳

啪啦
啪啦

？

你在干什么？

嘿嘿，想到库玛丽小姐可能会感觉冷，特意生火为您取暖。

叔叔，没想到你还有点儿风度。

你是不是疯了？直升机会爆炸的！

大惊

爆……爆炸？

咦！怎么扔给我啦？

冲撞会导致燃料系统受损，汽油流出的可能性很大！这么大的人了，这都不懂？

我……光担心了，没想到这个问题。

反正叔叔总是"没想到"。

喂，你这小子！不是你先嚷嚷着生火嘛！

你不也为了讨好姐姐嘛!

我就是想为自己找个好姻缘,你就那么看不顺眼?

再说生火的话氧气燃烧,产生一氧化碳,这里空间小,不通风,很容易引起一氧化碳中毒。

嗬! 一氧化碳中毒?

差点儿玩完。

咳咳

咳咳

柳珍,睡不着也要睡会儿,没体力会更难受。

咳咳

嗯,知道了。

你也快睡!

叔叔你自己睡觉别放屁就好!

哗 哗 哗 哗

咚通.

啊啊啊！

呼呜呜呜

停，停住了吗？

妈呀！

不知道什么时候又会塌，必须马上离开直升机！

哦……

机身绝对不能晃动，所以我们要稳稳地出去。

嗯，知道了……

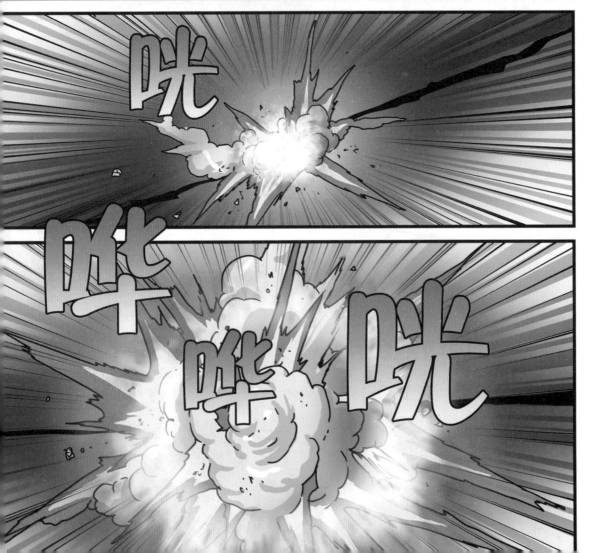

无色无味的死亡气体·一氧化碳

一氧化碳是在点燃木头、石炭、汽油等物质时产生的一种无色无味的气体，人中毒后几分钟内就会导致死亡。一氧化碳所排放的量一般情况下对人体不会造成太大伤害，可是如果燃烧器出现问题，或者在密闭的空间内排放过量一氧化碳的话，就会导致致命的后果。一氧化碳中毒的人会出现头痛、眩晕、耳鸣等症状，并且脸色发红，全身出现花斑状红肿，情况严重的话会伴有恶心呕吐、四肢麻痹、意识丧失，最终导致昏厥之后当场死亡。

一氧化碳中毒的应急措施
①打开窗户，把患者移到空气流通的地方。
②使患者头部后倾，托起下巴以保证呼吸道通畅。
③清除患者口腔内的异物。
④如果患者已经停止呼吸，要进行人工呼吸。
⑤马上移送患者去可以进行高压氧治疗的医院。

预防一氧化碳中毒的方法
①在不通风的地方不要点燃石炭或石油等物质。
②把车停在狭小的停车场时应关闭发动机后再离开。
③在安装新煤气锅炉，或者修理煤气锅炉，又或者重新启动
　很久不用的煤气锅炉时，一定要检查煤气是否泄漏。

第 7 章
塌陷的冰缝

呜哇……

直升机完全消失了！真给力！

惊险得像在拍电影。

你说什么？！

不懂事的小子，这是值得高兴的事吗？这算什么给力？

嗷！

姐姐，咱们是降落在冰川的冰缝边缘了吧？

什么？

为什么突然找屏风？这孩子怎么说起胡话了！

我的天……

不是"屏风"是"冰缝"！

冰缝是冰川上的裂缝。冰川不是静止的，是边伸长边移动的，此时产生的应力就形成了冰缝。

冰缝的宽度和深度可以达到数十甚至数百米，像这样顺着山谷流下的冰川叫谷冰川。

哼，这样啊！不知道也不会对生活有任何影响。

挖鼻

不懂还嘚瑟什么？

噗嗤

咦

啊，好凉！

呵呵呵，活该！

尽管这次暂时渡过了危机，但以后还有不少令人担心的事。

没有直升机，救援队很难发现我们。

那怎么办？

抖抖！抖

好了好了，现在泄气还太早。这里风很大，说不定会有其他危险，还是赶紧上去吧。

啪啪

OK！

阿嚏

没有的话，我的脱给你！绝对不用担心！

噗 噗

谢……谢谢，麻烦脸稍微……

库玛丽小姐，就相信我这登山专家吧。

嗖！ 嗖

风嗖

风嗖

呼啦

啪 啪 啪 啪

咦！地图！

真是信不过啊！

噗 噗

跟上了吗？

哈啊

哈啊

本应往下走，现在却要往上走，肯定吃不消。

柳珍，坚持住！

按她目前的状况没法再往上走了，让他们在这休息，我们上去吧？

姐姐，这儿坐也没法坐，怎么休息？

在陡坡上挖个避难所就可以坐下避风了。

真了不起，想出如此妙招。

这项任务就交给我和路易了。

啊？干吗扯上我？

闭嘴！你不是一点儿高山反应都没有嘛！

哪

哦！还真是！

是不是因为受到太大惊吓了？

我只是没说，其实头晕得很。

你演技太差，简直看不下去了。

右晃

左摇

真的，特别难受……

转圈

滑

咦！

唉，你这家伙！

1 峡湾
指的是海水流入由冰川侵蚀而成的
U形谷中所形成的海岸。

挪威西海岸的松恩峡湾长达 205 千米，最
深处达 1308 米，现是联合国教科文组织
认定的世界自然遗产。

2 冰川湖
指的是冰川侵蚀形成的 U 形谷、冰
斗等，由于积水而形成的湖泊。

布库拉湖位于雷泰札特山，由圈谷积水而
成，长 550 米，宽 160 米，是罗马尼亚最
大的冰川湖。

冰川是由大量降雪堆积而
成的，积雪会由于底层压力增
大而融化，缓缓地向低处运动。
流动的冰川通过侵蚀和搬运作
用形成了各种形态的地形，这
类地貌叫作冰蚀地貌。

典型的冰蚀地貌

3 冰缝
指的是谷冰川沿着山谷流动，流
出平坦地带后，坡度发生变化，
从而产生的又深又窄的缝隙。

喜马拉雅山的冰缝因被积雪覆盖，所以很
难被发现。长达数十米的冰缝是登山者特
别需要注意的地形之一。

4 **圈谷**
指的是在冰川侵蚀下，山谷的上半
部分出现的像水坑一样深陷的地形。

©Shutterstock

著名观光地加瓦尔涅圈谷位于法国和西班
牙两国界山比利牛斯山脉的中心位置。

5 **角峰**
是指由许多冰斗一起形成的，形似
动物犄角的山峰。

©Shutterstock

位于瑞士与意大利交界的马特洪峰是典型
的角峰。

第 8 章
绝望的沙漠

呼，完事儿了。

应该再挖大点儿。

啊呀，天气虽冷，但活动活动居然出汗了。

啊，爽！

干什么呢，你这小子？汗冻上了怎么办？

哎哟哟

这儿不是你家小区的后山。在高山上稍不注意就会得"体温过低症"。

不就脱会儿外套嘛，有那么严重吗？

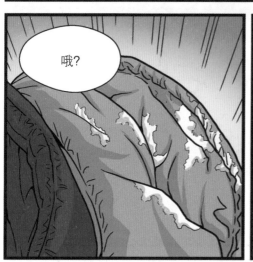

哦？

呃，冰！真是瞬间结冰了！

我说什么来着！

你怎么不早说？

先得升升体温，一二，一二！

又玩上了。

暂时性提升体温没用，别白出汗了。必须要有热量或能量的供应源才行。

那怎么办？

教给我方法也好！

所以要努力维持体温。

啊？

无论在什么环境下，人只要维持体温，就能生存。为了维持生存温度36.5℃，需要适当地管理身体能量并储备体力。

还有，想要保持良好状态要一直喝水。

因为这里四周都是雪，所以感觉不到，这可是喜马拉雅的高山地带，天冷气压低，空气的含水量极少。因为极其干燥，所以被称为"绝望的沙漠"。

在我们回来之前你要照顾好柳珍！

遵命！

唰

哆嗦
哆嗦

呃呃……

柳珍，很冷吧？稍等一会儿！

嗞

嗒

库玛丽姐姐说要一直喝水。

呼

吱吱

路易，对不起，这么麻烦你……

什么话！这时候才要互相帮助！

吱吱

吱吱

哦？看这个！

还真跟书上写的一样，在山上水开得快。可能因为气压低，水才开得快！

吱吱

不是那样，是沸点降低了。

咚

嘎

液体升到一定温度就不再加热，而会变成气体蒸发，这个温度叫作沸点。即使同一种液体，沸点也会随气压的变化而变化。

1个标准大气压

沸点

咕嘟

咕嘟

0.5个标准大气压

沸点

咕嘟

咕嘟

比如水在一个标准大气压时的沸点为100℃，但当0.5个标准大气压时，沸点为80℃左右。

咕嘟

咕嘟

呜哇，真香。

抽抽

闻闻汤味儿，
体力充电完成！

300% up

柳，柳珍，
快来吃！

你不吃吗？

噗

我，我没事儿。

嘎 嘎 嘎

咕噜

看起来完全不像
没事儿……

我去小便。

腾地

呼噜噜 呼噜噜

呼噜噜

听不见，
听不见，
我忍！

哇啊，咕咚咕咚就
进肚了，真好吃！

呼噜噜

！

吃完了！

力气也恢复了好
多，我去刷锅。

唰

那哪儿行！

嗒

你就休息吧，我来刷！

呼噜噜
呼噜噜
???

太好吃了，舌头像在跳舞。

舐
舐 舐

呃！

怎么了？

呃啊

舌头粘锅底上了！

哐当

你自己好好吃吧！

我在把雪化了吃呢，你也来点儿？

液体沸腾的温度·沸点

物质	沸点 (℃)
液态氮	− 195.8
液态氧	− 183.0
液态氨	− 33.4
乙醇	78.3
苯	80.1
水	100
水银	356.6
液态铅	1750
液态金	2808
液态铜	2566

各种物质的沸点

水加热到一定程度会产生气泡，继续加热会出现水蒸气。这时测量的话，水的温度为100℃，继续加热，水温不会再升高，仍为100℃。水沸腾的温度100℃即是水的沸点。

沸点就是液体产生气泡变为气体时一直维持的温度。沸点会根据物质特性及外部压强的不同而不同。

压力不同，沸点不同

液体表面上要想产生气泡，气泡的内压就要与外部压强相同或高于外部压强。液体的沸点往往受到压强的影响，当外部压强为1个标准大气压时，测定的沸点称为"标准沸点"。当外部压强增大时，沸点升高，外部压强减小时，沸点降低。用水来举例说明，当大气压为1时，水的沸点为100℃，当在喜马拉雅山顶，大气压低至0.3时，水的沸点就降为了70℃。

©Shutterstock

水沸腾的温度 在1个标准大气压下，当水的温度达到100℃时就会沸腾，这个使水沸腾的温度就叫作水的沸点。

库玛丽小姐，太累的话，我可以放慢脚步。

不用，没关系。再走一段就到了，继续！

果然是夏尔巴族出身，这么擅于登山。

啪

这种感觉像在约会……

嘿—

呵呵呵，来抓我呀

啊呀，库玛丽小姐……

怎么突然起鸡皮疙瘩了？

冷飕飕

与原定的飞行路线相差多远?

唔……

原来是先看珠峰基地营,后去卢卡拉,对吧?

(珠穆朗玛峰)
Mt.Everest
(卡拉帕特峰)
Kala Patar

Lhotse (洛子峰)

Kathmandu (加德满都)

Tengboche (腾普治)

Namche Bazaar (南治巴扎)

Lukla (卢卡拉)

NEPAL (尼泊尔)

但因为发动机出了故障偏离了航线。所以现在距基地营大约10千米。

在喜马拉雅山,10千米可不是个短距离。

不管怎样,救援直升机是沿飞行路线搜寻的吧?

嗒嗒嗒……

是。会按预定路线往返几次,如果没发现目标,再扩大搜寻范围。

也就是说搜到这儿得需要一段时间了?

大概是的。

哐

前面是冰山壁……

哎哟，鼻血！

扑棱

扑棱

还真叫人操心。

飕飕

飕飕

柳珍，感觉怎么样？

比刚才好多了，就是太冷！

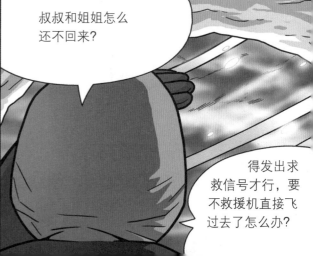

叔叔和姐姐怎么还不回来？

得发出求救信号才行，要不救援机直接飞过去了怎么办？

正好观众都到齐了。

?

呀嘿!

那小子想干什么?

飞吧!

当当当当!

怎么样?
够给力吧?

那不是我
的内裤吗?
你这是做
什么?

咦?

发送求救信号的方法

遇险时的求救信号是国际通用的。最常用的求救信号有旗帜、烽火、浓烟、镜子等，夜间常用火光、哨子和手电光等。

旗帜求救信号

做旗帜时要选择黄色、橙黄色等醒目的颜色。安插旗帜的场所非常重要，因为只有在视野宽阔的地方才更容易被发现。旗帜求救信号在使用直升机进行山崖救助和海上救助时非常有用。

烽火求救信号

烽火求救信号在晴天是最可靠的求救方法，特别是在山中遇险时，如果点燃烽火，直升机很容易就能发现，但在夜间、雾天、大风天，烽火的效果就不明显了。生火时要点燃像海绵、橡胶这样可以产生黑烟的物质。把火堆摆成三角形是典型的国际求救信号。

©Kinder Alan

有效的求救信号——浓烟 用火生烟时，为了使浓烟尽量不向四周扩散，只向高处升起，要适当地调节火苗大小。

声音求救信号

当许多人一起遇险时，相对来说，声音是一种不错的求救手段。当救援直升机经过时，吹响号角或者一群人一起呼喊也是一种求救方法。

反光求救信号

利用玻璃、铬等物质反射光线，发出求救信号。如果发射的光线是一条长线和一个圆的话，就形成了国际通用的求救信号。

国际通用的求救信号

天气晴朗的时候可以使用旗帜、烽火、镜子等，夜间使用火炬、声音等来发出求救信号。每次发信号都要遵循一定的时间间隔，1分钟发6次信号，休息1分钟，然后再1分钟发6次。如果救援队收到信号，则会1分钟发3次信号，以告知遇险人员求救信号已收到。

©Shutterstock

紧急救助直升机 在喜马拉雅山，紧急救助直升机每天都要出动很多次。直升机是救援遇险人员及运送突然患上像高山病这样急病的人到安全地方的最有效的手段。

第 10 章
镜子求救
信号

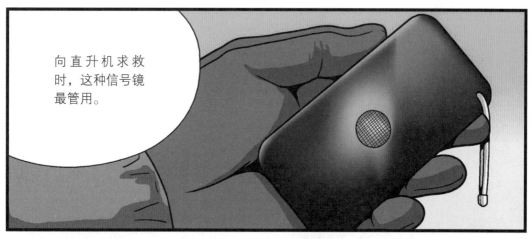

向直升机求救时，这种信号镜最管用。

不需要其他准备，直接能用。即使对迅速移动的直升机，也能发信号。

加之用镜子反射的光线，即使在数千米以外的地方也能看到，非常有效。

可……怎么是个残次品？中间破个洞。

说话能不能动动脑子？那不是瞄准孔嘛！

嗷！

这样反光不就行了？为什么需要瞄准孔啊？

光线攻击！

啪

啪

啪

快拿开！

别胡闹，我说需要就需要。

嘶

咦

好心教你，你居然这么张狂！

啊啊！

……

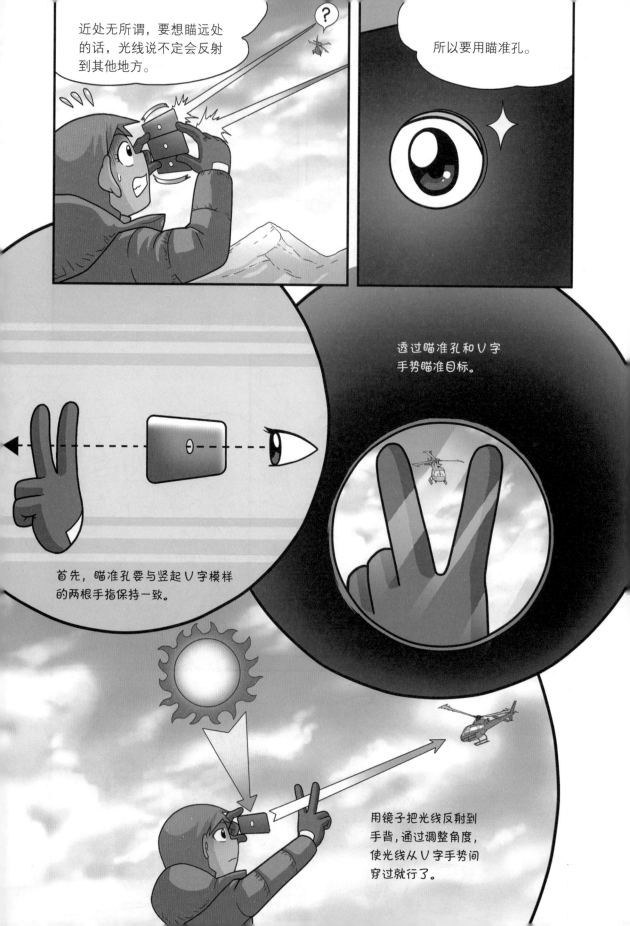

现在懂了吧？根本没必要做你那荒唐的旗！

别激动，别激动！

叔叔，对不起。我怕你们回来之前会有救援机飞过才做的。

没事的。我觉得不依赖大人，靠自己努力更可贵！

哼！

姐姐真好，比不懂这些只会骂人的叔叔强多了。

像狐狸一样狡猾的家伙！

嗖

柳珍，身体怎么样？

气死你！

你这家伙……

好多了。

姐姐，救援机什么时候能来？

柳珍，加油。最重要的是我们还活着。

是，姐姐。

姐姐，这也是金属，可以反光吧？

哐

我要用这个发信号。

怎么样？好用吧？

反光

反光

要跟大哥怎么说，才能渡过危机？

啪

啪、啪

练习发送求救信号呢……干吗这样？

你在这儿上蹿下跳什么呀？再照一个试试？

真想快点儿得救。

他俩跟没事人儿似的。

叔叔,我有点饿了,咱们吃点儿浓汤或方便面吧?

不行!

路易,非常时期要做好最坏打算,就算肚子饿也要忍忍,节约口粮。

喂,给我点儿。

库玛丽小姐，已经下午三点了，今天救援队不会来了吧？

跟昨天一样，天气越来越差。说不定会有暴风雪。

没有了直升机，我们得挖个雪洞过夜了。这里是陡坡的中心位置，很可能被暴风雪掩埋，我去找个安全的地方。

雪洞？

是安全地带？

雪洞就是雪做的洞穴。代替帐篷用的，就像爱斯基摩人的雪屋一样，保温效果出奇的好。

啊，好暖和！

那个雪堆看着不错，上方的山峰倾斜 55 度以上，不会积雪的。

叔叔，位置选好的话赶紧去挖吧！

等等，stop！

嘎！紧抓

嗒嗒嗒

喂，你知道雪洞长什么样吗？

咳咳咳咳

不知道。你告诉我不就行了？

听好了，我告诉你怎么做。

挽回面子的机会来了。

？

挖雪洞最重要的是洞口要逆风，这样进出洞口时风才不会灌进雪洞。

风

躺下试试？

睡觉的地方

雪

洞口

其次，内穴由洞口、底面和床铺三部分组成，因为热空气上升，冷空气下降，所以床铺要高于洞口和地面才会更暖和。

现在知道了吧？

库玛丽小姐看着呢吧？

得意

这是用新材料制成的锹，轻吧？

咣当

是啊，社会进步真快！

主要是我对冬季登山太熟悉了。

女士们在这儿休息，我俩把那个雪洞收收尾。

要做你自己做！怎么每次都扯上我？

除了你还有谁？不知道女士优先吗？

哼

想表现自己的目的清楚地写在脸上，叔叔。

哗 哗 哗 哐

姐姐，这是地，地震吗？

不是，这是……

我去看看。

叔叔，我也去！

第 2 册精彩继续……

雪中的洞穴·雪洞

突降暴雪或者在雪山遇险时，在雪中挖个洞穴比起搭帐篷更暖和也更安全，这种雪中的洞穴叫作雪洞（snow cave）。

雪洞温暖的理由

如果观察雪的结晶，就会发现其形状与蜂巢类似。这种蜂巢结构有许多洞，进入到这些洞里的空气可以御寒保温。用雪夯实的外壁不仅可以抵挡外部的寒气，同时也可以阻止内部的热气流散出去，防止雪洞内气温降低。并且在雪洞内部有许多来自雪中的水蒸气，这些水蒸气将雪洞的内部温度始终维持在0℃。

©Shutterstock

即使酷寒也能维持 0℃ 的雪洞　雪洞内部温度要高于外部，即使是在零下40多摄氏度的地方，雪洞内部也基本能维持在 0℃左右，因此雪洞是在雪山遇险的人们最好的避难所。

雪洞的制作方法

1 应该选择倾斜面 30 ~ 40 度，宽 2 米的雪丘。

2 洞口宽约 50 厘米，高约 1.5 米。

崖壁

30 ~ 40 度

3 洞口挖成 T 字形，下半部分是通道，上半部分用雪砖堵住，用来挡风。

4 向内深挖，并向左右拓展。

5 挖到需要的深度后，把内壁用锹夯实。

6 用雪做几个方砖把 T 字的两头堵住，用来挡风。

能把位置传送很远的求生信号镜

用镜子发射信号的军人 求生信号镜的中间有个孔，叫瞄准孔。通过这个孔可以把光线反射到救援机上。

使用镜子、铬等物质反射光线，即使距离很远，也能有效地暴露自己的位置，但要想把光线准确地反射给救援机，却比想象的困难许多。信号镜（signal mirror）又叫求生信号镜，就是为了弥补这一缺陷，精确地反射光线而研制的产品。一般使用不易碎的莱克森聚碳酸酯制成，镜子中间有瞄准孔，在 32 千米范围内可以准确地反射光线。

求生信号镜的使用方法

① 将不拿镜子的一只胳膊伸展，手摆出 V 手势。
② 调整镜子，使反射光线从 V 手势的两指间穿过。
③ 眼睛要与镜子、V 手势在同一条直线上，并使反射光线穿过 V 手势的两指间。
④ 要始终保持着反射光线在 V 手势的两指间，移动 V 手势使目标物也进入到 V 手势的两指间。
⑤ 在镜子反射的光线照到目标物之前，小心翼翼地前后移动调整镜子。

利用 V 手势对焦 把 V 字手指放在目标物和镜子之间，反复调整，将光线反射到目标物上就可以精确地告知对方自己所在的位置。

我的第一本科学漫画书

绝境生存系列

最新推出 第 43、44 册

能源危机大作战1

前往滑雪场度假的凯恩、智伍一行人住进了当地一家节能旅馆。旅馆爷爷的孙女带着他们进行了一场夜间飞行，忽然城市发生了大停电，让他们陷入了艰难的困境当中……惊险万分的能源危机生存之战，就此拉开序幕！

能源危机大作战2

大停电和能源危机还在继续，城市陷入了一片混乱。物资短缺导致人心惶惶。要想解决当前的危机，只有重启发电站。但从燃料不足到雪崩，通往发电站的路并不顺利……智伍他们能克服重重困难，成功找回能源吗？

我的第一本科学漫画书·绝境生存系列

未完待续
敬请期待

图书在版编目 (CIP) 数据

喜马拉雅生存记 . 1 /（韩）洪在彻文;（韩）郑俊圭图;霍慧译 .
– 南昌:二十一世纪出版社 , 2013.7（2020.1 重印）
（我的第一本科学漫画书·绝境生存系列）
ISBN 978-7-5391-8950-5

Ⅰ . ①喜… Ⅱ . ①洪… ②郑… ③霍… Ⅲ . ①喜马拉雅山脉 – 探险 – 少儿读物
Ⅳ . ① N83–49

中国版本图书馆 CIP 数据核字 (2013) 第 153981 号

我的第一本科学漫画书
绝境生存系列·喜马拉雅生存记① ［韩］洪在彻 / 文 ［韩］郑俊圭 / 图 霍 慧 / 译

出 版 人	刘凯军
责任编辑	李 树
美术编辑	陈思达
出版发行	二十一世纪出版社集团
	（江西省南昌市子安路 75 号 330009）
	www.21cccc.com cc21@163.com
承 印	江西宏达彩印有限公司
开 本	787mm×1092mm 1/16
印 张	10.75
版 次	2013 年 8 月第 1 版
印 次	2020 年 1 月第 10 次印刷
书 号	ISBN 978-7-5391-8950-5
定 价	35.00 元

赣版权登字 -04-2013-345 版权所有·侵权必究
（凡购本社图书，如有缺页、倒页、脱页，由发行公司负责退换。服务热线：0791-86251207）